I0431279

2022 Name und Anschrift des Autors bzw. Rechteinhabers

Alexander Leonhardt

Bodenseestraße 18

D-88145 Opfenbach

Kontakt:

a.l.-online@outlook.de

#1

				5			8	
8	5	3	1					7
				2	7	5	3	9
4				6			9	5
	6	2	5		8	4		1
	9	5		7	3	8	2	6
	8	1			4	7	5	
				8	2			3
		6						

#2

1		9	8		4	6		
7	5	4	6		1			3
	6	2	9			7	1	
	8			9		1		
	2				7	4		6
4				6			7	8
		8		3				
5			2					
9				4	6			

#3

					3	7	1	8
8		3			1		6	5
7			8	6	5		3	9
		2	3		4		9	7
		7	6	2				
	3	6	7	1			4	2
4	5		1	3		9		
		1	9		6		8	3
3							7	

#4

	7	8	4	6	3	5		9
4								
			7	2				
1	9	7	5	4	2		6	8
			8	9		7		1
8	2		1		7		9	
3		2		8	5			7
			2	1	4	8	3	6
	8					1	5	

#5

		7	4	3	1	2		
9			8	2			1	
	3		6	9		4	7	
	4		3		9		2	1
		8	5	1	2	3		
	1	3						
	2					8	6	
							5	
5					8	1	3	2

#6

	2		9		4	8	5	
5	4	6	8	7				
	3	8				7		
			3		2	4		
2		4		9	7	3		
	7				8	5	2	9
		5	4	8				2
8				2				7
	9		7		6		8	

#7

		8				6	4	
6			3			8		
							2	9
5	8	9				3		4
3	1	6			4	2		7
4	2			6		1	9	8
	5	2		3		9		6
9		3	2	1	6	7		
		1		9	5			2

#8

1	6	9	8	4	5			
3		5	2				6	
7				3	6	5	4	
	7	4			9	6	1	2
		1	4	8			3	
					7			
			6		8	2		5
			7					
	1	7	5		4			

#9

		7		9				3
				1	4	7		
9	2	1				5	8	4
3			4					
2		4			3			8
1	8			7		3		5
5	3				1		2	7
4		6	5	2			3	
7			3		8	9		

#10

	3	9				4		6
			3	7			5	1
7					5			3
			4		6	3	1	
6	4		8			5		2
9	1					6		
3		4			2			5
8	7	2			4			
	6				3			4

#11

	8		5		9		1	
		5	2	8	7	3	9	6
	3							
	4		7	6	3			5
		3				6		
	6	9			1	8	3	
	5		9			4	6	
	7		3	5	2	1	8	9
8	9			4	6			

#12

	7			6			1	9
	5		8				7	4
6	9	1			7	3	8	
1								
		2		7				6
	6	9		3	5			7
9	8			2		7	6	5
3	2				6	8	4	
		6		8			9	3

#13

7	8			5		3	9	1
2			7					
	5		6	8	3	7		
3				7		8		4
4	2		8	6			1	3
9	1	8		3	4	6		7
		1	5	2		4		9
8		4		1	6	2		
5		2	3	4		1	6	8

#14

					6	1	7	4
		4	7			9		
	9	2				6		5
8				1				
3		9	8			2	1	6
2		7					9	8
	2	5		8				9
4	3		6			5		1
	7		4		5			3

#15

						4	1	7
		6	8			2	5	
3			1					9
			4	8	2	5		6
2			7		6	9		1
		7			9	3	2	
9		2					3	
6	4	1			3	7	8	2
5	3			7	1	6		

#16

	7		2			5	1	
	8		1		4			3
		4	5			2		
3		7			5	8		2
	1		8					7
2		8		6	3	1		
	2	1			8	9		
			6	5	1		2	8
		6	9		2	3	4	1

#17

6			9	7		2	1	
7					5	4		
	1	3	4		2			9
4	8		1		7			2
2	3				4		7	6
		1		2		3		4
		7	8		1		3	5
	5	4	7	9				1
				5		9	4	7

#18

				9				2
7		3	6	2			9	
8	9	2	7	4		1		
1	8		2				3	7
3			4	8		2		
	2	7		3	6	4	5	8
4				7			2	
	7	5		1	2	3		
	3	8						

#19

		9		2	1		5	
	6		4	3				
7		1			6			
		8		9	5	6	3	
2		3				9	7	5
6	9			7				
1				8		5	6	9
8	5	6		1		4		
9			5	6		3		1

#20

					6			4
4	5	8	1	9			6	7
		1	7	2	4	9	5	
		7			8			
5		2	9	3	7	8	4	1
			2				7	
8	9	3				1	2	
	2			1		4	8	
1	4		3	8				

#21

1		3	8				5	7
		2				3		4
	7	5						
	9		7				6	
	8			2	3	5		
		7		6	8	4		9
	5	4	2		7	1		8
2			6				4	
		9	4			6		

#22

7	4		6	9				3
1				4		5	9	6
	9		5	3	2	7		4
8	5	7				4		9
				5		6		7
	6		2	7	9			
		3				9	6	
	1		9		5			2
2			7	6	3	1		5

#23

	5				9			8
		4	2	8		9		
				6		7		3
4		9	1	5		2		
	3						8	7
5		6	7	2	3	4	9	
8	1						5	4
9	4		8			1		2
				1	4		7	9

#24

			2		7	1		
	2	7	3	4	6	9		
6	5			9	1	3		
5		1	4		2	8		6
	8		5	1	9		3	
		3			8			
3				8	5	7		
		9		2	3		5	
			6	7				3

#25

6		3		8	7	5	4	
7			2		3			
1		5	6		4		8	
	6	1				2	3	
		4			6		5	
3	8	2	5	4		9		
				3	9			5
					2		1	
2	3			1			7	9

#26

9	6		7	1	3	5		4
	4	1						
			9	4	6			3
		9			8		5	
1		6		5	9	4		
		2			1		6	
6		7				8		
5	9		1		4	6		
8			6	9	7			

#27

	6	5	3		2			
8						3		2
			5	8	4	9		
3	8		1		5			6
4	9	2			7	8		
1	5		2		8		3	
	4		7		9			
		1	4	2		5	9	8
					1		7	

#28

	1		6	9	8	5	7	
		3	2		5			
8		9					1	
		8	1		2	3	6	
		7	8		4			
1			7			4	8	
5		1			7	6		
9	7	6				8		4
				8		7	5	1

#29

4	3		9	8		7	5	
	9						8	
	8			4			2	
2		4			6	8		
3	7	9	4	5				6
	1	8	2	7		4		
	2	7			4			
9	6	3	8			5	4	2
8			6	2		1		3

#30

						2		
5		9	3		2		6	4
2	1		6				9	
9		3	1	2	8			
			5	4		1		9
	2		7		9			5
1	9	2	4		7	6		
	3	4		8	1		5	7
			9					

#31

1			6	9				
6		2	3	8		5		9
3	9	5	7	4	2		8	
9	3	8				6	4	
	6		9	1		2		
				6	3	9		
				3				
		3		5	9			2
	1		8	7		3		

#32

	4		7	2	1		6	
5	9		6		8		3	
	7				5	4	8	2
9	5	6	4		3	1	2	
7	2		5	1		3		
1		3		7		6		
2				6		8	4	
		7	8				1	
		9	3					6

#33

7	3			8	2			1
	4		9		1			
			3		6		7	
4	7	3				5	1	2
	9	5	1	2	4		8	
8	2		7			6		9
			4		7			3
9	5			6	3	1		
	8			1		7	5	6

#34

5					6	2	1	
		2	5	7	8			3
	3			1	4	7		5
		5	9				7	
6		9		4		5	3	
7					5		9	8
		7		5			4	
	9	1	4	2			5	7
4				6		8		1

#35

	4	1			5			6
6	2				1			
7		3	6					
			9	1	6		8	4
		4	5					3
1		5	3	4		2		
4					7	3	5	9
				5			6	8
	3	6			4	1	7	

#36

	7				8	6		4
4				2		8	9	7
8		1			6		5	2
			2		1			
			3	9	7	4		1
						7	2	6
	4	8	7	1				
9		6		4	3	2	7	8
3					9	1		

#37

9			8		4		3	2
		7	6	1		5	4	
			2			1	8	7
				6		2	7	
	9		4		7		1	
		5	3			4	9	
3			5					4
		4	7	3		9		1
			1	4	2		6	3

#38

	4	2	5			3	9	
			3		4		1	2
3	1		9		2	7	8	
				4				8
		9	1					
5			7		9		2	1
1		7						
4		6	8		7		3	9
8	9		4					

#39

3	8	2		4		9	5	
9			5			4		
4	6		9		2		3	
		7				5	4	9
			3	6	9	7		2
2		8	4	5			1	
			6	9				1
		6		2		3		
		9			5	2		

#40

1		4		5	8	3	9	7
7	5		2		4			1
8				7		2		5
	9		3	8			1	4
			4				3	9
3				1	9	6	2	8
		2		4				3
		1	8			9	7	
			7	3	1	4		

#41

	1		3	8	6	4		
8	3		9					
9				7			8	2
	5		7		8	1		
1	2		6	3	9		5	4
7	4	3	5	1	2			8
		1	8	9	3	2		
2				6	7			
	8					9		7

#42

1						7	9	
4				6	2			
	6	3		7		2		8
	4		2	3			8	
6						5	3	2
2		8	6	5		4	7	1
		4				9	6	3
3	1		7	9		8		
8		6		4		1		

#43

		8	6			7		
	4		2		3			9
		9	7					8
		1			5	4	2	
5		4	8		2			3
3	2		9		4		8	
1		3	4	9	6	5		
9	5		1				4	
	6					3		1

#44

					4	9	8	1
		9	7	3	8	5	6	
					6		3	2
	3	7			9		5	8
		2		8		3	9	
	8		6			4	2	
		8		4		2		
2			8	7	5		4	
		3			2	8	1	

#45

	4		1	6	9	3		7
		5			3		6	8
6			8	7	5	1		2
		6	3					
				5		8		
2			6	1	8	5		4
	2		7	8				5
	6		5		1	2	7	
			4					9

#46

	8			9		1	2	
			4			3	8	7
4		3	7		1			
1				7		8		
8		9	3	1		6	5	
3		4	2				1	
2		1			7	9	3	
5					2			
7								5

#47

6	9		3			2	7	4
1	8	7			2	9	5	3
	3	2	9		5			
							9	5
		6			3			2
3					8		1	
					4			
5				2	9			8
			1	3	7		2	6

#48

3	5		9	8	7			2
7		4		5	6			9
6			2	4				
9								
					3		1	4
	4		6	9	8	3		
4	7				9	2	5	
5		8	7			6		
2				6	5	7	4	

#49

	9	4		5	2	8		
3	5		7				9	4
		8	9	1			2	5
8		9		2			4	
				4	7		8	2
	4			9				6
6	8					2	7	1
	2	1		7	6	4	3	
							5	9

#50

9								
	5		8			9	2	7
		2		9	1		3	
8	2			6	9	1		
3	6			1	4	2		8
1		5			8	6		9
2	3	6			7		8	1
5		4			3			2
7	1		6			3		4

#51

		7	5	8				
4		6	9			5		
		2	4	3	6	8		9
	5	8		4		2		
		1	3		7	4		
6					5	7	9	1
1	7	9	6		8	3	4	2
3	2	5					1	8
						9		

#52

2		5			8			
		9				2		8
4	7		9	1		6		
	2		3					6
5	4	1		2	6	9		
			8			5	7	
						8		
7		2	4	8	9			
9		6		5	3			4

#53

			6		7			5
		7	8	1	4			
					5	2		
		5		7	6			8
			1		9		7	6
2			5	6		9	3	
	1	6		9		4	8	2
3		9	2			6	5	7

#54

	9	6	2	4	7		5	1
2	5	1	6	9		7	4	8
4	3	7	1			9	2	6
3	2		8	7	5	1	6	
9	7	5	3		1	2		
1	6	8	9	2		5	7	
7	8	2	4			6		5
6			5	8	2	4	9	7
	4	9			6	8		2

#55

6		8	2					
	4					6	9	3
	5	3	4					7
	8		5					
		9		3		7		5
		5	6	1	9	3		4
8	6		9		7	1		
5		1				4		6
2	3	7			6		5	

#56

5	1					8		
	7	2						
8		4		2	7	1	5	
2		3			1	7		
				5			1	
1	5	9						8
		8				3		
9		5	3	1		4		2
7		1	9	4	2			

#57

4			5		7	2	6	
		2	4	3	1		5	7
		7	2	6				1
	5			1	9	6		
			7	8	4	9	3	5
		3				1	7	
			1	4	6			9
	8	1	9	7		5		6
6	4				3			2

#58

	9	2	4			6	7	
		8			6	2		
3					7			4
			5	2	4			6
		4	1	6				7
	1		3	7				
4	5	9		3	2	7		1
		7			1	4	2	
	2			4	5		3	

#59

1	9			7		2		
			2		3		7	1
7	2				9	6	4	
4				3	5			7
8	3	5				1	9	
2	6	7			1		5	4
				5		4		
6	7		1					
	5	4				7		9

#60

9							3	
6	8			4			7	
3		7		9		5		4
8			9	5				7
7			6	8			1	5
		6			4	3		8
	7				8	1	5	
1	3		5	6	9			
					7			3

#61

4			3		5	9	7	
1		9	7		6			4
	2		9	1			8	
		1	8	7			9	
							4	2
	9					7		
				9		5		3
9	6		4		1		2	
		8		5		4	1	9

#62

	7	5	8	4			3	
	8				9			
	1	9			7	6	8	5
	2		4			3	7	
	3	4		2	1		5	
8	5	1	7	9			4	6
	4						6	3
			1	5	8	7		4

#63

		2	6	8				1
1	4	9		3		6	8	
5	8	6			7		2	
		5	3		9		1	8
9	7		8	5	1		6	
		8		2	6			
	5		7		2	9		
	9	1			3	8		
4								

#64

	9	3			6			7
		1				9		
		2	3		8	4		5
	3	6				7	2	
1	2		7	6		3		
9	8	7	2	3		5	6	1
	1	8	9	4		6		3
6	7	5						
		9		5				2

#65

4		5	2				9	3
		1					5	
9		8			1			
	8	3	7	4		9	1	
6			5			8	3	4
1	4	2	8					
3	1			2	9	5		
7				8	5	3	4	9
	5	9	3				2	1

#66

	4	7			2			
8	5				7	3	6	
3	2	1		6				8
1	6		8			2		7
	9	2	5	1		6		
		4	7	2			3	9
	7			3				
9		6				8		
		8		5		7	4	

#67

	5			8	7		6	9
7		9			1	3		
6				3	2	7		
							3	
		3	2	1	8			
4	1		3	7	6			5
8	2				3			7
1	3	5	7	9	4			
		7		2		4		3

#68

	5	1			7			
	9	6		3	1			5
8				6		9		
		7			3	1	9	
	1	4	7					6
5		2		1		4		
	4	5	1				3	
3	6		5	7				9
1		9			6		7	

#69

9			4	5	2	7	6	
			6					5
					1		9	
	6	9		1				
4		7	9					8
	8	1	2					
6			1	2	4		8	7
	1	3		7		6	4	2
	7	4		3			1	9

#70

3		2		1			5	
5			7	9	8			2
7		8	3		2	1	4	9
	2					3	8	
	7							
1	4							
	5			3		9		
9			6				2	
2		6		7	4		1	3

#71

	9	2	8	4	5	3		
7	8				6		2	
		6			1		5	
5		1		6	4			
	4			3		2		5
3	2	9	5		7		4	1
9	5	7	6				8	2
	6	3			8	5		
		4		5		7		

#72

	4		6			7	5	
	9	7			5	3		
	5	3		4			8	6
4	1			7				3
		5	2	3	6			4
3	2	9		8	4		7	
	6				8		1	7
	7		4	6	2			8
	3	4		9				

#73

	6			9			3	4
4		8	3	2		7		1
	3	1	6		4	2		
			7	1			5	
	7					8		6
	4		8	3	2		1	
		9		4				5
	2	6		8	3	1		
8	5	4	9		1	3	7	

#74

8	4		6	5	1	9	2	
6	2				7			5
		3			4			
4	3			7				9
	9	8	4	3		2		6
	1	2	8		9			
		1		4			5	2
					8		9	
9						8	6	

#75

4	1		3	8	6			2
7		8	1	5	2	9		
5						1		
			2		5			
9			8				2	6
	2		4	7			1	8
	8		9	2	7	6		
6	7	4			8		9	
	9			4			3	

#76

	5				6	9		
		9		3	5		2	
						6	3	
1		3			4		7	9
	9	8	7		3	5	1	
			1	6		8	4	3
8	3	6						
		5			8	1	6	
9		1	6		2			8

#77

1		9	2			3	7	
6		5			4	8		
	2	8	1	3			9	5
	9	7		4			5	
5			3	6	9		4	
4		1	7			9		
	7		4				8	
8		4		9	2	7	6	3
	5	3				2		

#78

	7	5						9
	6		8		7	1		4
2		8			9			5
	9			2				1
7		1		6		4		8
				9	4		5	
			4	1	3		7	6
6	4			8		5	1	3
		9		7			4	2

#79

2	9	8	4			7		
		4		7		1	8	
1	7	3			8			9
9	1		5		4		3	
		5	3	8		9		
	8	1					7	
4	2	9			5	8		
7		6			1			4

#80

		5					8	9
		2					7	
				8	5	6		
5	2	1	8	9		7		
	3	9	5		4	8		
	4			1	7			
2		6						3
4	5	7		2	1			
1	8		9				5	7

#81

6	7					3	5	9
				9	5			8
					7		2	
	2	6	7		4	8		5
4	3		8		9	2	6	
	8		2	6	1	7		
	9	5		2	8			
			5	7		9	4	3
7	6	4				5		2

#82

5	3		1					4
		2		4				8
8	4	7		6	2	1		5
	8		7		4			
			3			7		
	5	3		9	8	4		
3	6	8	4	5		9		7
								1
9			8	7	6			

#83

4			3		6	2		5
3		5	1		8		4	7
	2	7				1		
		4	5					9
6		2						4
	5			6	4			
2			6	1			9	3
	4	6	9		3	5		
	9	3						1

#84

				6		8		
2			5		9	7	4	1
		8			1		6	
3	8	1	9	4	7	5		
5		6			3			
		9	1		6	3		
			6	1	5	9	7	2
	9		2		8			4
1			7		4	6	3	

#85

					8			
	8		3	9				2
		4	2				8	3
		7	4		9		3	6
			8			2	7	9
8		6		2		4	1	
	6	8	5		7	1	2	
3	7	2			6		9	
1				8	2	3		

#86

1	4	9		3			7	
	7		9		8		4	5
	8		7	1				
		6		8	9	5		2
		8		2	7			
2	9			5	6	7		1
	5	1					9	
	6		5			8		7
	2		8	4				

#87

8			1		3		4	2
2	1	3				7	8	6
9	6	4		8	7	5	1	3
6	8			1	4	3	2	7
4	2			7		8	9	5
	3				2		6	4
1			9			6	7	
		8	6	4	1		3	9
	9		7	2	8		5	1

#88

9		2	4	1		3	8	7
8	6	1						
4	3		9	2	8		6	
			7			2		
2	4			8		7	5	
	9			6	4	8		
	7	8			9			
6				4			7	3
5	2			7			1	8

#89

					2			5
	5	6		7	9	1		4
	7			8		3		
	4	5			3	6	7	2
		3			5		9	1
	1	7		2			3	
	9	4		5				7
5		8	1			2		3
	2		4	3	8	9	5	6

#90

		1	4		9			8
			5	2		4		
7	5	4		6				
			7		5		4	6
1	4	6		9	3	8		5
5	2	7		8		3	9	1
	1	2	9	5		7	8	
8		3	1	4	7		2	
9		5				1		4

#91

		6	4	1		5		
				2	5			
		5				1	2	8
9	3	2	6	8		7	5	4
7	5		2					
1		8		5				
6			5				7	3
	4		1	9		2		
5	2						4	1

#92

8			2			7		5
						6	8	
		3			5			9
		4		8		5		
3	1	7	6	5				
5	2	8		9	3			
	8				6	3	5	
	5	6		1	8	9	2	7
	3	1		2	7	8	4	

#93

9		3	2				4	
6			4		9			2
4		7				9	1	
3	4	8	9	7		1		
1						2	7	
5	7	2			8	4		9
8					4			
7			5	8	3	6	2	1
2	3					5	8	4

#94

4		9			7	1	5	
7	1			6		9	2	
3			9	1		6		
5	3	4				7		2
6				4	2	5		9
8	9		5	7			3	
							7	1
2	4	7	1			8		
1	8				6	2		4

#95

			2	1		5	6	
	2	1		6	8		3	7
				3			1	8
7				2			5	
		6		7	3	1	4	2
3			4	9			8	6
6		9	3		7	4		1
2	4				6		9	
1	3	8		4				

#96

	3		6		9	5	4	
		5	4	1	3		7	6
	6			7	5			3
5		2	7	3	1	6	8	
6			9		2	7	3	5
8					6		2	
		1					5	7
7			2		8	3		1
3					7	4		

#97

		8	7			9	1	
	4	6	2			7	8	3
	7			1		4	6	5
			4	3				6
		3	8	7	2	1		
2		4	1		6	3	7	9
	2		5	8	7			1
				4				
	1	7	6		3	5		

#98

	9	3	7		2			5
		7			4			9
	8	1	3	9	5	6		
		8		7				
9			4			7		
1	7		5	8	6		2	
			9			2		
3			1	2	7	5	8	6
8	2	5	6	4			9	7

#99

7					3	4	2	6
3			2		1		7	
		5			7		1	
4		1		7	6			
		8		2				
2	3	7				6	8	
1	7		6	4				3
			7			8	4	2
5		4	9	3				7

#100

5	2	3						8
8	1	9						
7	4		3	8		2	9	
9	8		1		6			
	3				5		7	1
1		5		2	7	8	3	
6	7		2		8			
	5			4	9			2
		1	7	5	3			

#101

	5			1	7		9	8
				2	5	3		7
9	7	6		4	8	2	5	1
	4				3			6
	9		5			1	3	
								4
		7		5		6	2	
1	6			3				
	8				2	7	1	

#102

	7		8				9	1
				4		5		7
		9				4		
			6	8	1		7	
	9		7		5	1		3
	6			3	9			
		7	2			3	4	9
9			5		8	6	1	2
	2		3					8

#103

8	3							7
			5	6		3		
	5	4		3			1	9
4	1			7	9			5
7		8	6					
5	9		1					6
	6			8	5	4	7	
9			3	1		5	6	8
	8	5	7		6	1		3

#104

	1		8				7	4
	7	2	9					8
5			7	6	3		1	
1			3	9	6			
7	6			4				1
	4	9		7	1	2		3
6	3			8			2	5
				2	7	1		9
	9			3		7		6

#105

	9			1		7		
	4			8	2			
8	6	5	3					
1			9	4	7		2	8
2	7			3			9	
	8	4			1			
				9				2
6	3				4	9	5	7
					8		3	6

#106

				2	6		8	4
7		2		8	1			
	4	6	5					
		4		5	9	8	7	
3	7		6		8		2	
2		5	3	4	7	1	6	9
		8		3	2		5	
5	2	1			4			
9		7			5	2		

#107

				7		9		1
		6	9				3	
2	9					7	4	5
	4	1	2				5	
6	8						2	3
	5				6	4		
	2	9	7	6			1	
1			5	9	4			7
5		4		2	8			

#108

7	6	4		5				9
						4	2	6
	1	3	9	4			8	
				7				4
6			3				5	
		8	2		4	6		
5					9	2	4	
		6	4				9	
	2	9	5	8		7		1

#109

5		9		3			7	
7				8		2	5	9
	2				7			6
		2	7				8	
4			3		9			
	7		8		6	4		5
	8	4		9		6	1	7
3	6				4			8
			2			5	3	4

#110

	2	5	9			3		
6			4					
8		3	6	2		5		9
		2		4	9			
					3		9	
	3		5	6		7		1
3			1		6	2		4
	4	6		9	2	8		
2	5		8					6

#111

	5		4					
			5	6	1			3
2	7	6	8					
		3	1	8	6			
				4		2	8	
7		8			5			1
		7		1	8	4		
			9		4	8		
	8		6	7	2		3	5

#112

	1				8	4		
		4	3	2		7	5	8
7					6		9	1
8					5		7	4
		1	7		3			
3		6		9	4		1	
	5	7	8		2		4	9
6	8	9		5			2	
		3		6				

#113

	7	1		5	9	8		6
3	6	5	8			7	9	1
			6	1	7			5
7	5		2	9	6	4		3
6			1		3			
1	9			7				
5	1			6		3		
9	3	7			4			8
					1		5	

#114

	1		9		8	6		
			6	5		2	9	
	9	3		7	2	5		
9	3			6				2
		4				7	1	
8			4	3		9	5	
4	8	7	3			1		5
1	5			2		3		
3						4	7	9

#115

3				6				
		1				2		
			5	1	8		7	3
						7		5
4	5		8			9	2	
			2	5	6			8
9	3	2	6	8		5		
		8		7	4	1		
1			9		5		8	

#116

3		5	9		1			
1	6			8	7	3		
7	9			3	4			
	7		4	6				2
		1	2			8		4
		4		1	3		9	6
2			3				8	7
9			1		6	4		
	5	7	8					

#117

			3	2				9
5	3	9	1	6		2		4
1	8	2	9			6		7
			7		4	9	2	
2		7		8	9		1	
		3	2	5		7		6
4	5	1			6			
	7					4	6	1
		6				8		5

#118

		4	7	5		8	6	
		6	8	1				9
8				9	6		4	2
7	1		6		5	9		
				7				
5	6	9	1	4		2	7	8
1				3		5	8	
				6	1			7
	4	5	2	8		1		3

#119

	2	8	3		1	7		6
	7			8	6			
		3	5	9	7	2		1
	1						9	2
3	9			2		1	4	
		4				3	6	
8		9	1		2			
1		7			3	4		
6	3	2			9			8

#120

1	4						7	
	9			2			3	5
3					7	6		4
	7	8	1		5		6	
4	6			8		9	5	
5	2		6		9	8		
	1		2	6				3
	3		9	7	8	4	1	6
		4		5			2	9

#121

				6	5	3		8
		8	4	9				5
	7	4	2	3	8	6	1	
				7		9		4
3		1	5		4	7	6	
	4	7			9			
7			8	4	2	5		
	8	5	3			4	2	7
	6	2			7			

#122

7						3	8	9
		5			8	4	2	
	2	8			7			1
	9		2		4	6		
2		1	3				4	8
	5	4				9	3	2
	7				1	2		
1		9	7				5	6
				6		1	7	3

#123

3		1			6			
			8	7	5		4	
8		7	1	4		6	9	
			3	9	4			
4			2	6	8		3	
9				5				
2		8		1	7			
	7	6		8	9		1	
					2	7		5

#124

1	5				3	7	6	
	8	6	7		4			5
3	4				6	1	8	2
8								
6	3			8		4		
7			6		5	8		9
5				4		2	9	8
			5	9				3
	2	3				5	4	

#125

				1			7	9
	4		7			1	6	8
	7		8	9			3	5
								6
	2	6		4				3
7		3	2					
2		1	4		5			7
4	3	5	9		7	6		2
8				2				

#126

	5	1		6		8	2	7
		2	5			9	3	
8	3			2	9		1	4
5	9							2
			6	4	7			5
1	6	7	2				8	3
3	7			8		6		1
6		9			3	2	5	

#127

		2				6	3	
4	3		2	6	7	9		
7	8	6				2	4	5
2	5	8	9				7	
6	7		8		2	5		3
3					6	1	8	
5		3		1	8	7		
8			7	2				
				5	9			

#128

		1				5		
	5			8			7	1
7	9		5					4
6			4		8	2		
8				1		9	4	7
1		7	2	5				
		3	1					6
4			6			1		8
9	1	6			5	7	3	

#129

8	9					1		6
1		5	8	2	4		3	
7	3	2	9				8	
					6	2		
2	8				5		6	4
			2				7	1
		8			9		4	
	1		6		2	5	9	8
	4			5	8			

#130

		9	1	5			4	
7	2	1						
		6	9			3	8	1
			4	8		1	5	6
				6		4	3	9
				1	9	2	7	
1						6		
6					5		1	3
9	3				1	5		7

#131

7	4	6	9	8	2	1	5	
		5						9
		1	5		6		4	2
	5			3				7
		3	7					1
			2	5	9		3	4
	6			9	5	3	7	8
4	7			2		9		5
5		9	8					6

#132

2	9	8		3	7			
	1			4			8	
	4		9		1			7
				5	2			
4		2				7	5	1
		3		7		9		
		4	7	2	9			
6		7	8		5	4	9	3
1			4			2	7	5

#133

		1	2	6	4			
	6	9		5				
8	4	2		1		6	7	5
	3		5		6		4	
	7						2	8
							3	
	8		6	7	2	3	5	
			3	9		4		
	9		8	4		7	6	2

#134

4	2	3			5	6	9	
1			2	7			4	
		6		3				2
7		5		2	3			
2					4		6	1
6	9		7		8	2	3	
	4			6			1	
			8	4			2	3
5	8	2		9	1		7	6

#135

			1	7	8	6	9	2
1		8						
9					4	7		8
	4			2				
	9	1	4	5		2	8	
			8				6	4
				8	5			
5	3		7		6	8		
7	8	6	2		1	4	5	3

#136

6	9		5				7	2
2		8		1		6		9
	4		6		2	8	3	5
			8	3		4		1
		4			1		6	3
			9		6			
8	6					3	5	
4	2						9	
7		5	4					

#137

5		4	3					
		8			5	3	2	
		3	8	2	7		4	
	5	7	2			4		
	1	9					3	
			7	1	3	5	8	
9	4	5	1	3	6	2		8
		1		4		9		
	3	6		7		1	5	4

#138

		7		4	8			3
		2	3					7
		8			7			5
4	8				2		3	6
2	3			7		4		
7			4			5	1	2
	2	6	7		4	3		
1			2	3	5	6		9
	5	3		1		2		4

#139

			9		6	3		
6	3	2	5	1			4	8
1			2			7	6	
2		6			3			4
4	9						3	
3					2			
		7		4			1	9
5	2	3			9			
	1		6	2	8			

#140

8		1						
9	2		7			5	8	
7	5	3	4			6	1	2
6					2		5	3
2		5			3			1
1	3				5	4		
5			3	9				
	6	2			7	8		9
4	7				8		3	5

#141

			5	6			2	8
6			8	3	7		1	
9	7	8	1		4		5	3
4				1				2
			7			1		
1		9	3	8		4		7
5			2			8		
	1						4	9
7	9					2		

#142

	9		4			6	3	7
			9			5	8	1
5	3	7					4	
		4	5	9				6
	6	9	3			1		
	1		7		4	8		3
	2			8				9
		1	2	4		3		5
9	5		1	7	3	4		

#143

			3			7	6	
		3		4				8
	5	4			6	2	1	3
	3		2	9				
				3	1			9
9		2		6		4		7
3	4		6	5		8	7	2
	7		4					
			8		7	3	4	5

#144

1				8		5		
9	3			4	7	6	1	8
8					2	7		3
6	8		9			2		5
					5		6	7
			6	1	4		8	9
	2	8	7				5	6
7	1							
	6					4	7	

#145

		3						8
1		8	5					6
	2	7				1		
3			6	7	4	8	5	2
				8	1		6	3
					5		1	4
	1		9			5		
	3	5	8		2		4	
		9			6		3	

#146

	6				2			
								2
1	3		4		5		7	9
4	9	8	3			1		
7	1		9	5				
5	2			6	1		9	7
		1					4	
3		4		7		2		1
2	5	9	1	4		7		3

#147

				1			3	9
9		3		7				
	7						4	1
	9					1	8	7
7	2		1				9	
		1	9	3		4		
5	4		3					6
2	6			8	9	5	1	
	3	9	7	6		8		

#148

6					3			2
				2	6	7		4
		4		1	9			6
1	4			8	5		2	
	3		2	6		8		7
		6		7				
8	1		6			5	9	3
7	5			3	2			
	6				8	2		1

Solutions

#1

7	2	9	3	5	6	1	8	4
8	5	3	1	4	9	2	6	7
6	1	4	8	2	7	5	3	9
4	7	8	2	6	1	3	9	5
3	6	2	5	9	8	4	7	1
1	9	5	4	7	3	8	2	6
9	8	1	6	3	4	7	5	2
5	4	7	9	8	2	6	1	3
2	3	6	7	1	5	9	4	8

#2

1	3	9	8	7	4	6	5	2
7	5	4	6	2	1	9	8	3
8	6	2	9	5	3	7	1	4
6	8	7	4	9	2	1	3	5
3	2	5	1	8	7	4	9	6
4	9	1	3	6	5	2	7	8
2	4	8	7	3	9	5	6	1
5	7	6	2	1	8	3	4	9
9	1	3	5	4	6	8	2	7

#3

6	2	5	4	9	3	7	1	8
8	9	3	2	7	1	4	6	5
7	1	4	8	6	5	2	3	9
1	8	2	3	5	4	6	9	7
9	4	7	6	2	8	3	5	1
5	3	6	7	1	9	8	4	2
4	5	8	1	3	7	9	2	6
2	7	1	9	4	6	5	8	3
3	6	9	5	8	2	1	7	4

#4

2	7	8	4	6	3	5	1	9
4	6	1	9	5	8	2	7	3
9	3	5	7	2	1	6	8	4
1	9	7	5	4	2	3	6	8
5	4	3	8	9	6	7	2	1
8	2	6	1	3	7	4	9	5
3	1	2	6	8	5	9	4	7
7	5	9	2	1	4	8	3	6
6	8	4	3	7	9	1	5	2

#5

8	6	7	4	3	1	2	9	5
9	5	4	8	2	7	6	1	3
1	3	2	6	9	5	4	7	8
6	4	5	3	8	9	7	2	1
7	9	8	5	1	2	3	4	6
2	1	3	7	6	4	5	8	9
4	2	9	1	5	3	8	6	7
3	8	1	2	7	6	9	5	4
5	7	6	9	4	8	1	3	2

#6

1	2	7	9	6	4	8	5	3
5	4	6	8	7	3	2	9	1
9	3	8	2	5	1	7	6	4
6	5	9	3	1	2	4	7	8
2	8	4	5	9	7	3	1	6
3	7	1	6	4	8	5	2	9
7	1	5	4	8	9	6	3	2
8	6	3	1	2	5	9	4	7
4	9	2	7	3	6	1	8	5

#7

2	7	8	1	5	9	6	4	3
6	9	5	3	4	2	8	7	1
1	3	4	6	7	8	5	2	9
5	8	9	7	2	1	3	6	4
3	1	6	9	8	4	2	5	7
4	2	7	5	6	3	1	9	8
8	5	2	4	3	7	9	1	6
9	4	3	2	1	6	7	8	5
7	6	1	8	9	5	4	3	2

#8

1	6	9	8	4	5	7	2	3
3	4	5	2	7	1	8	6	9
7	2	8	9	3	6	5	4	1
8	7	4	3	5	9	6	1	2
6	5	1	4	8	2	9	3	7
9	3	2	1	6	7	4	5	8
4	9	3	6	1	8	2	7	5
5	8	6	7	2	3	1	9	4
2	1	7	5	9	4	3	8	6

#9

6	4	7	8	9	5	2	1	3
8	5	3	2	1	4	7	6	9
9	2	1	7	3	6	5	8	4
3	6	5	4	8	9	1	7	2
2	7	4	1	5	3	6	9	8
1	8	9	6	7	2	3	4	5
5	3	8	9	6	1	4	2	7
4	9	6	5	2	7	8	3	1
7	1	2	3	4	8	9	5	6

#10

5	3	9	1	2	8	4	7	6
4	8	6	3	7	9	2	5	1
7	2	1	6	4	5	9	8	3
2	5	8	4	9	6	3	1	7
6	4	7	8	3	1	5	9	2
9	1	3	2	5	7	6	4	8
3	9	4	7	1	2	8	6	5
8	7	2	5	6	4	1	3	9
1	6	5	9	8	3	7	2	4

#11

2	8	6	5	3	9	7	1	4
4	1	5	2	8	7	3	9	6
9	3	7	6	1	4	2	5	8
1	4	8	7	6	3	9	2	5
7	2	3	8	9	5	6	4	1
5	6	9	4	2	1	8	3	7
3	5	1	9	7	8	4	6	2
6	7	4	3	5	2	1	8	9
8	9	2	1	4	6	5	7	3

#12

4	7	8	2	6	3	5	1	9
2	5	3	8	1	9	6	7	4
6	9	1	4	5	7	3	8	2
1	3	7	6	4	2	9	5	8
5	4	2	9	7	8	1	3	6
8	6	9	1	3	5	4	2	7
9	8	4	3	2	1	7	6	5
3	2	5	7	9	6	8	4	1
7	1	6	5	8	4	2	9	3

#13

7	8	6	4	5	2	3	9	1
2	4	3	7	9	1	5	8	6
1	5	9	6	8	3	7	4	2
3	6	5	1	7	9	8	2	4
4	2	7	8	6	5	9	1	3
9	1	8	2	3	4	6	5	7
6	3	1	5	2	8	4	7	9
8	7	4	9	1	6	2	3	5
5	9	2	3	4	7	1	6	8

#14

5	8	3	2	9	6	1	7	4
1	6	4	7	5	8	9	3	2
7	9	2	1	3	4	6	8	5
8	4	6	9	1	2	3	5	7
3	5	9	8	4	7	2	1	6
2	1	7	5	6	3	4	9	8
6	2	5	3	8	1	7	4	9
4	3	8	6	7	9	5	2	1
9	7	1	4	2	5	8	6	3

#15

8	2	9	3	6	5	4	1	7
7	1	6	8	9	4	2	5	3
3	5	4	1	2	7	8	6	9
1	9	3	4	8	2	5	7	6
2	8	5	7	3	6	9	4	1
4	6	7	5	1	9	3	2	8
9	7	2	6	4	8	1	3	5
6	4	1	9	5	3	7	8	2
5	3	8	2	7	1	6	9	4

#16

9	7	3	2	8	6	5	1	4
5	8	2	1	9	4	6	7	3
1	6	4	5	3	7	2	8	9
3	9	7	4	1	5	8	6	2
6	1	5	8	2	9	4	3	7
2	4	8	7	6	3	1	9	5
7	2	1	3	4	8	9	5	6
4	3	9	6	5	1	7	2	8
8	5	6	9	7	2	3	4	1

#17

6	4	5	9	7	8	2	1	3
7	9	2	3	1	5	4	6	8
8	1	3	4	6	2	7	5	9
4	8	6	1	3	7	5	9	2
2	3	9	5	8	4	1	7	6
5	7	1	6	2	9	3	8	4
9	2	7	8	4	1	6	3	5
3	5	4	7	9	6	8	2	1
1	6	8	2	5	3	9	4	7

#18

5	6	1	3	9	8	7	4	2
7	4	3	6	2	1	8	9	5
8	9	2	7	4	5	1	6	3
1	8	4	2	5	9	6	3	7
3	5	6	4	8	7	2	1	9
9	2	7	1	3	6	4	5	8
4	1	9	8	7	3	5	2	6
6	7	5	9	1	2	3	8	4
2	3	8	5	6	4	9	7	1

#19

3	4	9	8	2	1	7	5	6
5	6	2	4	3	7	1	9	8
7	8	1	9	5	6	2	4	3
4	7	8	1	9	5	6	3	2
2	1	3	6	4	8	9	7	5
6	9	5	2	7	3	8	1	4
1	3	4	7	8	2	5	6	9
8	5	6	3	1	9	4	2	7
9	2	7	5	6	4	3	8	1

#20

2	7	9	8	5	6	3	1	4
4	5	8	1	9	3	2	6	7
6	3	1	7	2	4	9	5	8
9	1	7	5	4	8	6	3	2
5	6	2	9	3	7	8	4	1
3	8	4	2	6	1	5	7	9
8	9	3	4	7	5	1	2	6
7	2	5	6	1	9	4	8	3
1	4	6	3	8	2	7	9	5

#21

1	4	3	8	9	6	2	5	7
9	6	2	5	7	1	3	8	4
8	7	5	3	4	2	9	1	6
3	9	1	7	5	4	8	6	2
4	8	6	9	2	3	5	7	1
5	2	7	1	6	8	4	3	9
6	5	4	2	3	7	1	9	8
2	3	8	6	1	9	7	4	5
7	1	9	4	8	5	6	2	3

#22

7	4	5	6	9	1	2	8	3
1	3	2	8	4	7	5	9	6
6	9	8	5	3	2	7	1	4
8	5	7	3	1	6	4	2	9
9	2	1	4	5	8	6	3	7
3	6	4	2	7	9	8	5	1
5	7	3	1	2	4	9	6	8
4	1	6	9	8	5	3	7	2
2	8	9	7	6	3	1	4	5

#23

7	5	1	4	3	9	6	2	8
3	6	4	2	8	7	9	1	5
2	9	8	5	6	1	7	4	3
4	7	9	1	5	8	2	3	6
1	3	2	9	4	6	5	8	7
5	8	6	7	2	3	4	9	1
8	1	7	6	9	2	3	5	4
9	4	3	8	7	5	1	6	2
6	2	5	3	1	4	8	7	9

#24

9	3	8	2	5	7	1	6	4
1	2	7	3	4	6	9	8	5
6	5	4	8	9	1	3	2	7
5	9	1	4	3	2	8	7	6
7	8	6	5	1	9	4	3	2
2	4	3	7	6	8	5	1	9
3	6	2	9	8	5	7	4	1
4	7	9	1	2	3	6	5	8
8	1	5	6	7	4	2	9	3

#25

6	9	3	1	8	7	5	4	2
7	4	8	2	5	3	1	9	6
1	2	5	6	9	4	7	8	3
5	6	1	9	7	8	2	3	4
9	7	4	3	2	6	8	5	1
3	8	2	5	4	1	9	6	7
8	1	7	4	3	9	6	2	5
4	5	9	7	6	2	3	1	8
2	3	6	8	1	5	4	7	9

#26

9	6	8	7	1	3	5	2	4
3	4	1	8	2	5	7	9	6
2	7	5	9	4	6	1	8	3
7	3	9	4	6	8	2	5	1
1	8	6	2	5	9	4	3	7
4	5	2	3	7	1	9	6	8
6	1	7	5	3	2	8	4	9
5	9	3	1	8	4	6	7	2
8	2	4	6	9	7	3	1	5

#27

9	6	5	3	1	2	4	8	7
8	1	4	9	7	6	3	5	2
7	2	3	5	8	4	9	6	1
3	8	7	1	9	5	2	4	6
4	9	2	6	3	7	8	1	5
1	5	6	2	4	8	7	3	9
5	4	8	7	6	9	1	2	3
6	7	1	4	2	3	5	9	8
2	3	9	8	5	1	6	7	4

#28

2	1	4	6	9	8	5	7	3
7	6	3	2	1	5	9	4	8
8	5	9	4	7	3	2	1	6
4	9	8	1	5	2	3	6	7
6	2	7	8	3	4	1	9	5
1	3	5	7	6	9	4	8	2
5	8	1	3	4	7	6	2	9
9	7	6	5	2	1	8	3	4
3	4	2	9	8	6	7	5	1

#29

4	3	6	9	8	2	7	5	1
5	9	2	7	6	1	3	8	4
7	8	1	3	4	5	6	2	9
2	5	4	1	9	6	8	3	7
3	7	9	4	5	8	2	1	6
6	1	8	2	7	3	4	9	5
1	2	7	5	3	4	9	6	8
9	6	3	8	1	7	5	4	2
8	4	5	6	2	9	1	7	3

#30

3	4	6	8	9	5	2	7	1
5	7	9	3	1	2	8	6	4
2	1	8	6	7	4	5	9	3
9	5	3	1	2	8	7	4	6
8	6	7	5	4	3	1	2	9
4	2	1	7	6	9	3	8	5
1	9	2	4	5	7	6	3	8
6	3	4	2	8	1	9	5	7
7	8	5	9	3	6	4	1	2

#31

1	8	7	6	9	5	4	2	3
6	4	2	3	8	1	5	7	9
3	9	5	7	4	2	1	8	6
9	3	8	5	2	7	6	4	1
5	6	4	9	1	8	2	3	7
7	2	1	4	6	3	9	5	8
8	5	9	2	3	6	7	1	4
4	7	3	1	5	9	8	6	2
2	1	6	8	7	4	3	9	5

#32

3	4	8	7	2	1	9	6	5
5	9	2	6	4	8	7	3	1
6	7	1	9	3	5	4	8	2
9	5	6	4	8	3	1	2	7
7	2	4	5	1	6	3	9	8
1	8	3	2	7	9	6	5	4
2	3	5	1	6	7	8	4	9
4	6	7	8	9	2	5	1	3
8	1	9	3	5	4	2	7	6

#33

7	3	9	5	8	2	4	6	1
5	4	6	9	7	1	2	3	8
2	1	8	3	4	6	9	7	5
4	7	3	6	9	8	5	1	2
6	9	5	1	2	4	3	8	7
8	2	1	7	3	5	6	4	9
1	6	2	4	5	7	8	9	3
9	5	7	8	6	3	1	2	4
3	8	4	2	1	9	7	5	6

#34

5	7	8	3	9	6	2	1	4
1	4	2	5	7	8	9	6	3
9	3	6	2	1	4	7	8	5
3	1	5	9	8	2	4	7	6
6	8	9	1	4	7	5	3	2
7	2	4	6	3	5	1	9	8
2	6	7	8	5	1	3	4	9
8	9	1	4	2	3	6	5	7
4	5	3	7	6	9	8	2	1

#35

8	4	1	7	3	5	9	2	6
6	2	9	4	8	1	7	3	5
7	5	3	6	2	9	8	4	1
3	7	2	9	1	6	5	8	4
9	8	4	5	7	2	6	1	3
1	6	5	3	4	8	2	9	7
4	1	8	2	6	7	3	5	9
2	9	7	1	5	3	4	6	8
5	3	6	8	9	4	1	7	2

#36

2	7	5	9	3	8	6	1	4
4	6	3	1	2	5	8	9	7
8	9	1	4	7	6	3	5	2
7	8	4	2	6	1	5	3	9
6	5	2	3	9	7	4	8	1
1	3	9	8	5	4	7	2	6
5	4	8	7	1	2	9	6	3
9	1	6	5	4	3	2	7	8
3	2	7	6	8	9	1	4	5

#37

9	5	1	8	7	4	6	3	2
8	2	7	6	1	3	5	4	9
4	3	6	2	5	9	1	8	7
1	4	3	9	6	5	2	7	8
6	9	2	4	8	7	3	1	5
7	8	5	3	2	1	4	9	6
3	1	8	5	9	6	7	2	4
2	6	4	7	3	8	9	5	1
5	7	9	1	4	2	8	6	3

#38

7	4	2	5	1	8	3	9	6
9	6	8	3	7	4	5	1	2
3	1	5	9	6	2	7	8	4
6	3	1	2	4	5	9	7	8
2	7	9	1	8	6	4	5	3
5	8	4	7	3	9	6	2	1
1	2	7	6	9	3	8	4	5
4	5	6	8	2	7	1	3	9
8	9	3	4	5	1	2	6	7

#39

3	8	2	1	4	6	9	5	7
9	7	1	5	8	3	4	2	6
4	6	5	9	7	2	1	3	8
6	3	7	2	1	8	5	4	9
1	5	4	3	6	9	7	8	2
2	9	8	4	5	7	6	1	3
5	2	3	6	9	4	8	7	1
7	4	6	8	2	1	3	9	5
8	1	9	7	3	5	2	6	4

#40

1	2	4	6	5	8	3	9	7
7	5	3	2	9	4	8	6	1
8	6	9	1	7	3	2	4	5
6	9	5	3	8	2	7	1	4
2	1	8	4	6	7	5	3	9
3	4	7	5	1	9	6	2	8
5	7	2	9	4	6	1	8	3
4	3	1	8	2	5	9	7	6
9	8	6	7	3	1	4	5	2

#41

5	1	2	3	8	6	4	7	9
8	3	7	9	2	4	5	1	6
9	6	4	1	7	5	3	8	2
6	5	9	7	4	8	1	2	3
1	2	8	6	3	9	7	5	4
7	4	3	5	1	2	6	9	8
4	7	1	8	9	3	2	6	5
2	9	5	4	6	7	8	3	1
3	8	6	2	5	1	9	4	7

#42

1	2	5	4	8	3	7	9	6
4	8	7	9	6	2	3	1	5
9	6	3	5	7	1	2	4	8
5	4	1	2	3	7	6	8	9
6	7	9	8	1	4	5	3	2
2	3	8	6	5	9	4	7	1
7	5	4	1	2	8	9	6	3
3	1	2	7	9	6	8	5	4
8	9	6	3	4	5	1	2	7

#43

2	1	8	6	5	9	7	3	4
7	4	5	2	8	3	6	1	9
6	3	9	7	4	1	2	5	8
8	9	1	3	6	5	4	2	7
5	7	4	8	1	2	9	6	3
3	2	6	9	7	4	1	8	5
1	8	3	4	9	6	5	7	2
9	5	2	1	3	7	8	4	6
4	6	7	5	2	8	3	9	1

#44

3	7	6	2	5	4	9	8	1
1	2	9	7	3	8	5	6	4
8	5	4	1	9	6	7	3	2
6	3	7	4	2	9	1	5	8
4	1	2	5	8	7	3	9	6
9	8	5	6	1	3	4	2	7
5	6	8	3	4	1	2	7	9
2	9	1	8	7	5	6	4	3
7	4	3	9	6	2	8	1	5

#45

8	4	2	1	6	9	3	5	7
1	7	5	2	4	3	9	6	8
6	3	9	8	7	5	1	4	2
5	8	6	3	2	4	7	9	1
3	1	4	9	5	7	8	2	6
2	9	7	6	1	8	5	3	4
9	2	3	7	8	6	4	1	5
4	6	8	5	9	1	2	7	3
7	5	1	4	3	2	6	8	9

#46

6	8	7	5	9	3	1	2	4
9	1	5	4	2	6	3	8	7
4	2	3	7	8	1	5	9	6
1	6	2	9	7	5	8	4	3
8	7	9	3	1	4	6	5	2
3	5	4	2	6	8	7	1	9
2	4	1	6	5	7	9	3	8
5	9	6	8	3	2	4	7	1
7	3	8	1	4	9	2	6	5

#47

6	9	5	3	8	1	2	7	4
1	8	7	4	6	2	9	5	3
4	3	2	9	7	5	8	6	1
8	2	4	7	1	6	3	9	5
7	1	6	5	9	3	4	8	2
3	5	9	2	4	8	6	1	7
2	6	1	8	5	4	7	3	9
5	7	3	6	2	9	1	4	8
9	4	8	1	3	7	5	2	6

#48

3	5	1	9	8	7	4	6	2
7	2	4	3	5	6	1	8	9
6	8	9	2	4	1	5	3	7
9	3	5	4	1	2	8	7	6
8	6	2	5	7	3	9	1	4
1	4	7	6	9	8	3	2	5
4	7	6	8	3	9	2	5	1
5	1	8	7	2	4	6	9	3
2	9	3	1	6	5	7	4	8

#49

1	9	4	3	5	2	8	6	7
3	5	2	7	6	8	1	9	4
7	6	8	9	1	4	3	2	5
8	1	9	6	2	5	7	4	3
5	3	6	1	4	7	9	8	2
2	4	7	8	9	3	5	1	6
6	8	5	4	3	9	2	7	1
9	2	1	5	7	6	4	3	8
4	7	3	2	8	1	6	5	9

#50

9	8	3	2	7	5	4	1	6
4	5	1	8	3	6	9	2	7
6	7	2	4	9	1	8	3	5
8	2	7	5	6	9	1	4	3
3	6	9	7	1	4	2	5	8
1	4	5	3	2	8	6	7	9
2	3	6	9	4	7	5	8	1
5	9	4	1	8	3	7	6	2
7	1	8	6	5	2	3	9	4

#51

9	3	7	5	8	2	1	6	4
4	8	6	9	7	1	5	2	3
5	1	2	4	3	6	8	7	9
7	5	8	1	4	9	2	3	6
2	9	1	3	6	7	4	8	5
6	4	3	8	2	5	7	9	1
1	7	9	6	5	8	3	4	2
3	2	5	7	9	4	6	1	8
8	6	4	2	1	3	9	5	7

#52

2	1	5	6	3	8	4	9	7
3	6	9	5	7	4	2	1	8
4	7	8	9	1	2	6	3	5
8	2	7	3	9	5	1	4	6
5	4	1	7	2	6	9	8	3
6	9	3	8	4	1	5	7	2
1	3	4	2	6	7	8	5	9
7	5	2	4	8	9	3	6	1
9	8	6	1	5	3	7	2	4

#53

1	3	8	9	5	2	7	6	4
4	9	2	6	3	7	8	1	5
6	5	7	8	1	4	3	2	9
7	6	1	4	8	5	2	9	3
9	2	5	3	7	6	1	4	8
8	4	3	1	2	9	5	7	6
2	7	4	5	6	8	9	3	1
5	1	6	7	9	3	4	8	2
3	8	9	2	4	1	6	5	7

#54

8	9	6	2	4	7	3	5	1
2	5	1	6	9	3	7	4	8
4	3	7	1	5	8	9	2	6
3	2	4	8	7	5	1	6	9
9	7	5	3	6	1	2	8	4
1	6	8	9	2	4	5	7	3
7	8	2	4	1	9	6	3	5
6	1	3	5	8	2	4	9	7
5	4	9	7	3	6	8	1	2

#55

6	7	8	2	9	3	5	4	1
1	4	2	7	8	5	6	9	3
9	5	3	4	6	1	8	2	7
3	8	6	5	7	4	2	1	9
4	1	9	8	3	2	7	6	5
7	2	5	6	1	9	3	8	4
8	6	4	9	5	7	1	3	2
5	9	1	3	2	8	4	7	6
2	3	7	1	4	6	9	5	8

#56

5	1	6	4	3	9	8	2	7
3	7	2	1	8	5	6	4	9
8	9	4	6	2	7	1	5	3
2	4	3	8	9	1	7	6	5
6	8	7	2	5	3	9	1	4
1	5	9	7	6	4	2	3	8
4	2	8	5	7	6	3	9	1
9	6	5	3	1	8	4	7	2
7	3	1	9	4	2	5	8	6

#57

4	1	8	5	9	7	2	6	3
9	6	2	4	3	1	8	5	7
5	3	7	2	6	8	4	9	1
7	5	4	3	1	9	6	2	8
1	2	6	7	8	4	9	3	5
8	9	3	6	2	5	1	7	4
2	7	5	1	4	6	3	8	9
3	8	1	9	7	2	5	4	6
6	4	9	8	5	3	7	1	2

#58

5	9	2	4	1	3	6	7	8
7	4	8	9	5	6	2	1	3
3	6	1	2	8	7	5	9	4
9	7	3	5	2	4	1	8	6
2	8	4	1	6	9	3	5	7
6	1	5	3	7	8	9	4	2
4	5	9	8	3	2	7	6	1
8	3	7	6	9	1	4	2	5
1	2	6	7	4	5	8	3	9

#59

1	9	6	4	7	8	2	3	5
5	4	8	2	6	3	9	7	1
7	2	3	5	1	9	6	4	8
4	1	9	6	3	5	8	2	7
8	3	5	7	4	2	1	9	6
2	6	7	9	8	1	3	5	4
9	8	1	3	5	7	4	6	2
6	7	2	1	9	4	5	8	3
3	5	4	8	2	6	7	1	9

#60

9	4	5	7	2	6	8	3	1
6	8	1	3	4	5	2	7	9
3	2	7	8	9	1	5	6	4
8	1	4	9	5	3	6	2	7
7	9	3	6	8	2	4	1	5
2	5	6	1	7	4	3	9	8
4	7	9	2	3	8	1	5	6
1	3	8	5	6	9	7	4	2
5	6	2	4	1	7	9	8	3

#61

4	8	6	3	2	5	9	7	1
1	5	9	7	8	6	2	3	4
3	2	7	9	1	4	6	8	5
5	4	1	8	7	2	3	9	6
8	7	3	5	6	9	1	4	2
6	9	2	1	4	3	7	5	8
7	1	4	2	9	8	5	6	3
9	6	5	4	3	1	8	2	7
2	3	8	6	5	7	4	1	9

#62

2	7	5	8	4	6	1	3	9
6	8	3	5	1	9	4	2	7
4	1	9	2	3	7	6	8	5
9	2	6	4	8	5	3	7	1
7	3	4	6	2	1	9	5	8
8	5	1	7	9	3	2	4	6
1	4	8	9	7	2	5	6	3
5	9	7	3	6	4	8	1	2
3	6	2	1	5	8	7	9	4

#63

7	3	2	6	8	4	5	9	1
1	4	9	2	3	5	6	8	7
5	8	6	1	9	7	3	2	4
2	6	5	3	7	9	4	1	8
9	7	4	8	5	1	2	6	3
3	1	8	4	2	6	7	5	9
8	5	3	7	1	2	9	4	6
6	9	1	5	4	3	8	7	2
4	2	7	9	6	8	1	3	5

#64

4	9	3	5	1	6	2	8	7
8	5	1	4	7	2	9	3	6
7	6	2	3	9	8	4	1	5
5	3	6	1	8	9	7	2	4
1	2	4	7	6	5	3	9	8
9	8	7	2	3	4	5	6	1
2	1	8	9	4	7	6	5	3
6	7	5	8	2	3	1	4	9
3	4	9	6	5	1	8	7	2

#65

4	7	5	2	6	8	1	9	3
2	6	1	9	3	7	4	5	8
9	3	8	4	5	1	2	7	6
5	8	3	7	4	6	9	1	2
6	9	7	5	1	2	8	3	4
1	4	2	8	9	3	7	6	5
3	1	4	6	2	9	5	8	7
7	2	6	1	8	5	3	4	9
8	5	9	3	7	4	6	2	1

#66

6	4	7	3	8	2	5	9	1
8	5	9	1	4	7	3	6	2
3	2	1	9	6	5	4	7	8
1	6	3	8	9	4	2	5	7
7	9	2	5	1	3	6	8	4
5	8	4	7	2	6	1	3	9
4	7	5	2	3	8	9	1	6
9	3	6	4	7	1	8	2	5
2	1	8	6	5	9	7	4	3

#67

3	5	2	4	8	7	1	6	9
7	8	9	6	5	1	3	4	2
6	4	1	9	3	2	7	5	8
2	7	6	5	4	9	8	3	1
5	9	3	2	1	8	6	7	4
4	1	8	3	7	6	9	2	5
8	2	4	1	6	3	5	9	7
1	3	5	7	9	4	2	8	6
9	6	7	8	2	5	4	1	3

#68

2	5	1	9	4	7	8	6	3
4	9	6	8	3	1	7	2	5
8	7	3	2	6	5	9	4	1
6	8	7	4	5	3	1	9	2
9	1	4	7	2	8	3	5	6
5	3	2	6	1	9	4	8	7
7	4	5	1	9	2	6	3	8
3	6	8	5	7	4	2	1	9
1	2	9	3	8	6	5	7	4

#69

9	3	8	4	5	2	7	6	1
1	4	2	6	9	7	8	3	5
7	5	6	3	8	1	2	9	4
5	6	9	7	1	8	4	2	3
4	2	7	9	6	3	1	5	8
3	8	1	2	4	5	9	7	6
6	9	5	1	2	4	3	8	7
8	1	3	5	7	9	6	4	2
2	7	4	8	3	6	5	1	9

#70

3	9	2	4	1	6	8	5	7
5	1	4	7	9	8	6	3	2
7	6	8	3	5	2	1	4	9
6	2	9	5	4	7	3	8	1
8	7	5	1	2	3	4	9	6
1	4	3	8	6	9	2	7	5
4	5	7	2	3	1	9	6	8
9	3	1	6	8	5	7	2	4
2	8	6	9	7	4	5	1	3

#71

1	9	2	8	4	5	3	6	7
7	8	5	3	9	6	1	2	4
4	3	6	7	2	1	9	5	8
5	7	1	2	6	4	8	9	3
6	4	8	1	3	9	2	7	5
3	2	9	5	8	7	6	4	1
9	5	7	6	1	3	4	8	2
2	6	3	4	7	8	5	1	9
8	1	4	9	5	2	7	3	6

#72

2	4	8	6	1	3	7	5	9
6	9	7	8	2	5	3	4	1
1	5	3	9	4	7	2	8	6
4	1	6	5	7	9	8	2	3
7	8	5	2	3	6	1	9	4
3	2	9	1	8	4	6	7	5
9	6	2	3	5	8	4	1	7
5	7	1	4	6	2	9	3	8
8	3	4	7	9	1	5	6	2

#73

2	6	7	1	9	8	5	3	4
4	9	8	3	2	5	7	6	1
5	3	1	6	7	4	2	9	8
9	8	2	7	1	6	4	5	3
1	7	3	4	5	9	8	2	6
6	4	5	8	3	2	9	1	7
3	1	9	2	4	7	6	8	5
7	2	6	5	8	3	1	4	9
8	5	4	9	6	1	3	7	2

#74

8	4	7	6	5	1	9	2	3
6	2	9	3	8	7	1	4	5
1	5	3	2	9	4	6	7	8
4	3	6	1	7	2	5	8	9
7	9	8	4	3	5	2	1	6
5	1	2	8	6	9	4	3	7
3	8	1	9	4	6	7	5	2
2	6	5	7	1	8	3	9	4
9	7	4	5	2	3	8	6	1

#75

4	1	9	3	8	6	7	5	2
7	3	8	1	5	2	9	6	4
5	6	2	7	9	4	1	8	3
8	4	1	2	6	5	3	7	9
9	5	7	8	1	3	4	2	6
3	2	6	4	7	9	5	1	8
1	8	3	9	2	7	6	4	5
6	7	4	5	3	8	2	9	1
2	9	5	6	4	1	8	3	7

#76

3	5	7	2	4	6	9	8	1
6	1	9	8	3	5	4	2	7
2	8	4	9	1	7	6	3	5
1	6	3	5	8	4	2	7	9
4	9	8	7	2	3	5	1	6
5	7	2	1	6	9	8	4	3
8	3	6	4	5	1	7	9	2
7	2	5	3	9	8	1	6	4
9	4	1	6	7	2	3	5	8

#77

1	4	9	2	5	8	3	7	6
6	3	5	9	7	4	8	2	1
7	2	8	1	3	6	4	9	5
3	9	7	8	4	1	6	5	2
5	8	2	3	6	9	1	4	7
4	6	1	7	2	5	9	3	8
2	7	6	4	1	3	5	8	9
8	1	4	5	9	2	7	6	3
9	5	3	6	8	7	2	1	4

#78

4	7	5	2	3	1	6	8	9
9	6	3	8	5	7	1	2	4
2	1	8	6	4	9	7	3	5
5	9	4	7	2	8	3	6	1
7	2	1	3	6	5	4	9	8
3	8	6	1	9	4	2	5	7
8	5	2	4	1	3	9	7	6
6	4	7	9	8	2	5	1	3
1	3	9	5	7	6	8	4	2

#79

2	9	8	4	1	3	7	5	6
5	6	4	2	7	9	1	8	3
1	7	3	6	5	8	4	2	9
8	3	2	1	9	7	6	4	5
9	1	7	5	6	4	2	3	8
6	4	5	3	8	2	9	1	7
3	8	1	9	4	6	5	7	2
4	2	9	7	3	5	8	6	1
7	5	6	8	2	1	3	9	4

#80

3	6	5	4	7	2	1	8	9
8	1	2	6	3	9	5	7	4
9	7	4	1	8	5	6	3	2
5	2	1	8	9	3	7	4	6
7	3	9	5	6	4	8	2	1
6	4	8	2	1	7	3	9	5
2	9	6	7	5	8	4	1	3
4	5	7	3	2	1	9	6	8
1	8	3	9	4	6	2	5	7

#81

6	7	8	1	4	2	3	5	9
2	4	3	6	9	5	1	7	8
9	5	1	3	8	7	4	2	6
1	2	6	7	3	4	8	9	5
4	3	7	8	5	9	2	6	1
5	8	9	2	6	1	7	3	4
3	9	5	4	2	8	6	1	7
8	1	2	5	7	6	9	4	3
7	6	4	9	1	3	5	8	2

#82

5	3	6	1	8	7	2	9	4
1	9	2	5	4	3	6	7	8
8	4	7	9	6	2	1	3	5
2	8	9	7	1	4	3	5	6
6	1	4	3	2	5	7	8	9
7	5	3	6	9	8	4	1	2
3	6	8	4	5	1	9	2	7
4	7	5	2	3	9	8	6	1
9	2	1	8	7	6	5	4	3

#83

4	1	9	3	7	6	2	8	5
3	6	5	1	2	8	9	4	7
8	2	7	4	5	9	1	3	6
7	8	4	5	3	2	6	1	9
6	3	2	8	9	1	7	5	4
9	5	1	7	6	4	3	2	8
2	7	8	6	1	5	4	9	3
1	4	6	9	8	3	5	7	2
5	9	3	2	4	7	8	6	1

#84

7	1	5	4	6	2	8	9	3
2	6	3	5	8	9	7	4	1
9	4	8	3	7	1	2	6	5
3	8	1	9	4	7	5	2	6
5	7	6	8	2	3	4	1	9
4	2	9	1	5	6	3	8	7
8	3	4	6	1	5	9	7	2
6	9	7	2	3	8	1	5	4
1	5	2	7	9	4	6	3	8

#85

2	3	9	6	5	8	7	4	1
7	8	1	3	9	4	6	5	2
6	5	4	2	7	1	9	8	3
5	2	7	4	1	9	8	3	6
4	1	3	8	6	5	2	7	9
8	9	6	7	2	3	4	1	5
9	6	8	5	3	7	1	2	4
3	7	2	1	4	6	5	9	8
1	4	5	9	8	2	3	6	7

#86

1	4	9	2	3	5	6	7	8
3	7	2	9	6	8	1	4	5
6	8	5	7	1	4	9	2	3
7	1	6	4	8	9	5	3	2
5	3	8	1	2	7	4	6	9
2	9	4	3	5	6	7	8	1
8	5	1	6	7	3	2	9	4
4	6	3	5	9	2	8	1	7
9	2	7	8	4	1	3	5	6

#87

8	5	7	1	6	3	9	4	2
2	1	3	4	5	9	7	8	6
9	6	4	2	8	7	5	1	3
6	8	9	5	1	4	3	2	7
4	2	1	3	7	6	8	9	5
7	3	5	8	9	2	1	6	4
1	4	2	9	3	5	6	7	8
5	7	8	6	4	1	2	3	9
3	9	6	7	2	8	4	5	1

#88

9	5	2	4	1	6	3	8	7
8	6	1	5	3	7	4	9	2
4	3	7	9	2	8	1	6	5
1	8	3	7	9	5	2	4	6
2	4	6	3	8	1	7	5	9
7	9	5	2	6	4	8	3	1
3	7	8	1	5	9	6	2	4
6	1	9	8	4	2	5	7	3
5	2	4	6	7	3	9	1	8

#89

1	3	9	6	4	2	7	8	5
8	5	6	3	7	9	1	2	4
4	7	2	5	8	1	3	6	9
9	4	5	8	1	3	6	7	2
2	8	3	7	6	5	4	9	1
6	1	7	9	2	4	5	3	8
3	9	4	2	5	6	8	1	7
5	6	8	1	9	7	2	4	3
7	2	1	4	3	8	9	5	6

#90

2	3	1	4	7	9	6	5	8
6	8	9	5	2	1	4	3	7
7	5	4	3	6	8	9	1	2
3	9	8	7	1	5	2	4	6
1	4	6	2	9	3	8	7	5
5	2	7	6	8	4	3	9	1
4	1	2	9	5	6	7	8	3
8	6	3	1	4	7	5	2	9
9	7	5	8	3	2	1	6	4

#91

2	7	6	4	1	8	5	3	9
8	1	3	9	2	5	4	6	7
4	9	5	3	6	7	1	2	8
9	3	2	6	8	1	7	5	4
7	5	4	2	3	9	8	1	6
1	6	8	7	5	4	3	9	2
6	8	1	5	4	2	9	7	3
3	4	7	1	9	6	2	8	5
5	2	9	8	7	3	6	4	1

#92

8	4	9	2	6	1	7	3	5
1	7	5	4	3	9	6	8	2
2	6	3	8	7	5	4	1	9
6	9	4	1	8	2	5	7	3
3	1	7	6	5	4	2	9	8
5	2	8	7	9	3	1	6	4
7	8	2	9	4	6	3	5	1
4	5	6	3	1	8	9	2	7
9	3	1	5	2	7	8	4	6

#93

9	5	3	2	1	7	8	4	6
6	8	1	4	3	9	7	5	2
4	2	7	8	5	6	9	1	3
3	4	8	9	7	2	1	6	5
1	6	9	3	4	5	2	7	8
5	7	2	1	6	8	4	3	9
8	1	5	6	2	4	3	9	7
7	9	4	5	8	3	6	2	1
2	3	6	7	9	1	5	8	4

#94

4	6	9	2	3	7	1	5	8
7	1	8	4	6	5	9	2	3
3	2	5	9	1	8	6	4	7
5	3	4	6	8	9	7	1	2
6	7	1	3	4	2	5	8	9
8	9	2	5	7	1	4	3	6
9	5	6	8	2	4	3	7	1
2	4	7	1	9	3	8	6	5
1	8	3	7	5	6	2	9	4

#95

8	7	3	2	1	9	5	6	4
4	2	1	5	6	8	9	3	7
9	6	5	7	3	4	2	1	8
7	8	4	6	2	1	3	5	9
5	9	6	8	7	3	1	4	2
3	1	2	4	9	5	7	8	6
6	5	9	3	8	7	4	2	1
2	4	7	1	5	6	8	9	3
1	3	8	9	4	2	6	7	5

#96

1	3	7	6	2	9	5	4	8
2	8	5	4	1	3	9	7	6
4	6	9	8	7	5	2	1	3
5	9	2	7	3	1	6	8	4
6	1	4	9	8	2	7	3	5
8	7	3	5	4	6	1	2	9
9	2	1	3	6	4	8	5	7
7	4	6	2	5	8	3	9	1
3	5	8	1	9	7	4	6	2

#97

5	3	8	7	6	4	9	1	2
1	4	6	2	9	5	7	8	3
9	7	2	3	1	8	4	6	5
7	5	1	4	3	9	8	2	6
6	9	3	8	7	2	1	5	4
2	8	4	1	5	6	3	7	9
3	2	9	5	8	7	6	4	1
8	6	5	9	4	1	2	3	7
4	1	7	6	2	3	5	9	8

#98

6	9	3	7	1	2	8	4	5
2	5	7	8	6	4	3	1	9
4	8	1	3	9	5	6	7	2
5	3	8	2	7	9	4	6	1
9	6	2	4	3	1	7	5	8
1	7	4	5	8	6	9	2	3
7	1	6	9	5	8	2	3	4
3	4	9	1	2	7	5	8	6
8	2	5	6	4	3	1	9	7

#99

7	1	9	5	8	3	4	2	6
3	4	6	2	9	1	5	7	8
8	2	5	4	6	7	3	1	9
4	9	1	8	7	6	2	3	5
6	5	8	3	2	4	7	9	1
2	3	7	1	5	9	6	8	4
1	7	2	6	4	8	9	5	3
9	6	3	7	1	5	8	4	2
5	8	4	9	3	2	1	6	7

#100

5	2	3	9	7	4	1	6	8
8	1	9	5	6	2	3	4	7
7	4	6	3	8	1	2	9	5
9	8	7	1	3	6	5	2	4
4	3	2	8	9	5	6	7	1
1	6	5	4	2	7	8	3	9
6	7	4	2	1	8	9	5	3
3	5	8	6	4	9	7	1	2
2	9	1	7	5	3	4	8	6

#101

2	5	3	6	1	7	4	9	8
8	1	4	9	2	5	3	6	7
9	7	6	3	4	8	2	5	1
7	4	1	2	9	3	5	8	6
6	9	8	5	7	4	1	3	2
3	2	5	1	8	6	9	7	4
4	3	7	8	5	1	6	2	9
1	6	2	7	3	9	8	4	5
5	8	9	4	6	2	7	1	3

#102

4	7	5	8	6	3	2	9	1
6	1	8	9	4	2	5	3	7
2	3	9	1	5	7	4	8	6
3	5	2	6	8	1	9	7	4
8	9	4	7	2	5	1	6	3
7	6	1	4	3	9	8	2	5
5	8	7	2	1	6	3	4	9
9	4	3	5	7	8	6	1	2
1	2	6	3	9	4	7	5	8

#103

8	3	2	4	9	1	6	5	7
1	7	9	5	6	8	3	2	4
6	5	4	2	3	7	8	1	9
4	1	6	8	7	9	2	3	5
7	2	8	6	5	3	9	4	1
5	9	3	1	2	4	7	8	6
3	6	1	9	8	5	4	7	2
9	4	7	3	1	2	5	6	8
2	8	5	7	4	6	1	9	3

#104

9	1	6	8	5	2	3	7	4
3	7	2	9	1	4	6	5	8
5	8	4	7	6	3	9	1	2
1	2	5	3	9	6	8	4	7
7	6	3	2	4	8	5	9	1
8	4	9	5	7	1	2	6	3
6	3	7	1	8	9	4	2	5
4	5	8	6	2	7	1	3	9
2	9	1	4	3	5	7	8	6

#105

3	9	2	4	1	6	7	8	5
7	4	1	5	8	2	3	6	9
8	6	5	3	7	9	2	1	4
1	5	3	9	4	7	6	2	8
2	7	6	8	3	5	4	9	1
9	8	4	2	6	1	5	7	3
5	1	7	6	9	3	8	4	2
6	3	8	1	2	4	9	5	7
4	2	9	7	5	8	1	3	6

#106

1	9	3	7	2	6	5	8	4
7	5	2	4	8	1	3	9	6
8	4	6	5	9	3	7	1	2
6	1	4	2	5	9	8	7	3
3	7	9	6	1	8	4	2	5
2	8	5	3	4	7	1	6	9
4	6	8	1	3	2	9	5	7
5	2	1	9	7	4	6	3	8
9	3	7	8	6	5	2	4	1

#107

4	3	5	8	7	2	9	6	1
7	1	6	9	4	5	8	3	2
2	9	8	6	3	1	7	4	5
3	4	1	2	8	7	6	5	9
6	8	7	4	5	9	1	2	3
9	5	2	3	1	6	4	7	8
8	2	9	7	6	3	5	1	4
1	6	3	5	9	4	2	8	7
5	7	4	1	2	8	3	9	6

#108

7	6	4	8	5	2	1	3	9
9	8	5	1	3	7	4	2	6
2	1	3	9	4	6	5	8	7
3	9	2	6	7	5	8	1	4
6	4	7	3	1	8	9	5	2
1	5	8	2	9	4	6	7	3
5	3	1	7	6	9	2	4	8
8	7	6	4	2	1	3	9	5
4	2	9	5	8	3	7	6	1

#109

5	4	9	6	3	2	8	7	1
7	3	6	4	8	1	2	5	9
8	2	1	9	5	7	3	4	6
6	9	2	7	4	5	1	8	3
4	5	8	3	1	9	7	6	2
1	7	3	8	2	6	4	9	5
2	8	4	5	9	3	6	1	7
3	6	5	1	7	4	9	2	8
9	1	7	2	6	8	5	3	4

#110

4	2	5	9	8	1	3	6	7
6	7	9	4	3	5	1	8	2
8	1	3	6	2	7	5	4	9
1	8	2	7	4	9	6	5	3
5	6	7	2	1	3	4	9	8
9	3	4	5	6	8	7	2	1
3	9	8	1	5	6	2	7	4
7	4	6	3	9	2	8	1	5
2	5	1	8	7	4	9	3	6

#111

3	5	1	4	2	7	6	9	8
8	4	9	5	6	1	7	2	3
2	7	6	8	3	9	1	5	4
4	2	3	1	8	6	5	7	9
9	1	5	7	4	3	2	8	6
7	6	8	2	9	5	3	4	1
5	9	7	3	1	8	4	6	2
6	3	2	9	5	4	8	1	7
1	8	4	6	7	2	9	3	5

#112

2	1	5	9	7	8	4	3	6
9	6	4	3	2	1	7	5	8
7	3	8	5	4	6	2	9	1
8	9	2	6	1	5	3	7	4
5	4	1	7	8	3	9	6	2
3	7	6	2	9	4	8	1	5
1	5	7	8	3	2	6	4	9
6	8	9	4	5	7	1	2	3
4	2	3	1	6	9	5	8	7

#113

2	7	1	3	5	9	8	4	6
3	6	5	8	4	2	7	9	1
4	8	9	6	1	7	2	3	5
7	5	8	2	9	6	4	1	3
6	4	2	1	8	3	5	7	9
1	9	3	4	7	5	6	8	2
5	1	4	9	6	8	3	2	7
9	3	7	5	2	4	1	6	8
8	2	6	7	3	1	9	5	4

#114

2	1	5	9	4	8	6	3	7
7	4	8	6	5	3	2	9	1
6	9	3	1	7	2	5	8	4
9	3	1	5	6	7	8	4	2
5	6	4	2	8	9	7	1	3
8	7	2	4	3	1	9	5	6
4	8	7	3	9	6	1	2	5
1	5	9	7	2	4	3	6	8
3	2	6	8	1	5	4	7	9

#115

3	7	5	4	6	2	8	1	9
6	8	1	7	9	3	2	5	4
2	9	4	5	1	8	6	7	3
8	2	3	1	4	9	7	6	5
4	5	6	8	3	7	9	2	1
7	1	9	2	5	6	4	3	8
9	3	2	6	8	1	5	4	7
5	6	8	3	7	4	1	9	2
1	4	7	9	2	5	3	8	6

#116

3	4	5	9	2	1	7	6	8
1	6	2	5	8	7	3	4	9
7	9	8	6	3	4	2	5	1
5	7	9	4	6	8	1	3	2
6	3	1	2	5	9	8	7	4
8	2	4	7	1	3	5	9	6
2	1	6	3	4	5	9	8	7
9	8	3	1	7	6	4	2	5
4	5	7	8	9	2	6	1	3

#117

7	6	4	3	2	8	1	5	9
5	3	9	1	6	7	2	8	4
1	8	2	9	4	5	6	3	7
6	1	5	7	3	4	9	2	8
2	4	7	6	8	9	5	1	3
8	9	3	2	5	1	7	4	6
4	5	1	8	7	6	3	9	2
3	7	8	5	9	2	4	6	1
9	2	6	4	1	3	8	7	5

#118

3	9	4	7	5	2	8	6	1
2	7	6	8	1	4	3	5	9
8	5	1	3	9	6	7	4	2
7	1	8	6	2	5	9	3	4
4	3	2	9	7	8	6	1	5
5	6	9	1	4	3	2	7	8
1	2	7	4	3	9	5	8	6
9	8	3	5	6	1	4	2	7
6	4	5	2	8	7	1	9	3

#119

9	2	8	3	4	1	7	5	6
5	7	1	2	8	6	9	3	4
4	6	3	5	9	7	2	8	1
7	1	5	6	3	4	8	9	2
3	9	6	7	2	8	1	4	5
2	8	4	9	1	5	3	6	7
8	4	9	1	5	2	6	7	3
1	5	7	8	6	3	4	2	9
6	3	2	4	7	9	5	1	8

#120

1	4	6	5	9	3	2	7	8
8	9	7	4	2	6	1	3	5
3	5	2	8	1	7	6	9	4
9	7	8	1	4	5	3	6	2
4	6	3	7	8	2	9	5	1
5	2	1	6	3	9	8	4	7
7	1	9	2	6	4	5	8	3
2	3	5	9	7	8	4	1	6
6	8	4	3	5	1	7	2	9

#121

1	2	9	7	6	5	3	4	8
6	3	8	4	9	1	2	7	5
5	7	4	2	3	8	6	1	9
2	5	6	1	7	3	9	8	4
3	9	1	5	8	4	7	6	2
8	4	7	6	2	9	1	5	3
7	1	3	8	4	2	5	9	6
9	8	5	3	1	6	4	2	7
4	6	2	9	5	7	8	3	1

#122

7	1	6	5	4	2	3	8	9
9	3	5	6	1	8	4	2	7
4	2	8	9	3	7	5	6	1
3	9	7	2	8	4	6	1	5
2	6	1	3	9	5	7	4	8
8	5	4	1	7	6	9	3	2
6	7	3	8	5	1	2	9	4
1	4	9	7	2	3	8	5	6
5	8	2	4	6	9	1	7	3

#123

3	4	1	9	2	6	5	7	8
6	2	9	8	7	5	3	4	1
8	5	7	1	4	3	6	9	2
7	8	2	3	9	4	1	5	6
4	1	5	2	6	8	9	3	7
9	6	3	7	5	1	8	2	4
2	3	8	5	1	7	4	6	9
5	7	6	4	8	9	2	1	3
1	9	4	6	3	2	7	8	5

#124

1	5	9	8	2	3	7	6	4
2	8	6	7	1	4	9	3	5
3	4	7	9	5	6	1	8	2
8	9	2	4	7	1	3	5	6
6	3	5	2	8	9	4	7	1
7	1	4	6	3	5	8	2	9
5	6	1	3	4	7	2	9	8
4	7	8	5	9	2	6	1	3
9	2	3	1	6	8	5	4	7

#125

6	5	8	3	1	4	2	7	9
3	4	9	7	5	2	1	6	8
1	7	2	8	9	6	4	3	5
9	1	4	5	7	3	8	2	6
5	2	6	1	4	8	7	9	3
7	8	3	2	6	9	5	4	1
2	6	1	4	3	5	9	8	7
4	3	5	9	8	7	6	1	2
8	9	7	6	2	1	3	5	4

#126

9	5	1	3	6	4	8	2	7
7	4	2	5	1	8	9	3	6
8	3	6	7	2	9	5	1	4
5	9	4	8	3	1	7	6	2
2	8	3	6	4	7	1	9	5
1	6	7	2	9	5	4	8	3
3	7	5	9	8	2	6	4	1
6	1	9	4	7	3	2	5	8
4	2	8	1	5	6	3	7	9

#127

9	1	2	4	8	5	6	3	7
4	3	5	2	6	7	9	1	8
7	8	6	1	9	3	2	4	5
2	5	8	9	3	1	4	7	6
6	7	1	8	4	2	5	9	3
3	9	4	5	7	6	1	8	2
5	4	3	6	1	8	7	2	9
8	6	9	7	2	4	3	5	1
1	2	7	3	5	9	8	6	4

#128

2	6	1	7	3	4	5	8	9
3	5	4	9	8	2	6	7	1
7	9	8	5	6	1	3	2	4
6	3	9	4	7	8	2	1	5
8	2	5	3	1	6	9	4	7
1	4	7	2	5	9	8	6	3
5	8	3	1	2	7	4	9	6
4	7	2	6	9	3	1	5	8
9	1	6	8	4	5	7	3	2

#129

8	9	4	5	3	7	1	2	6
1	6	5	8	2	4	7	3	9
7	3	2	9	6	1	4	8	5
9	7	1	4	8	6	2	5	3
2	8	3	1	7	5	9	6	4
4	5	6	2	9	3	8	7	1
5	2	8	3	1	9	6	4	7
3	1	7	6	4	2	5	9	8
6	4	9	7	5	8	3	1	2

#130

3	8	9	1	5	6	7	4	2
7	2	1	8	3	4	9	6	5
5	4	6	9	2	7	3	8	1
2	9	7	4	8	3	1	5	6
8	1	5	7	6	2	4	3	9
4	6	3	5	1	9	2	7	8
1	5	2	3	7	8	6	9	4
6	7	4	2	9	5	8	1	3
9	3	8	6	4	1	5	2	7

#131

7	4	6	9	8	2	1	5	3
2	8	5	3	4	1	7	6	9
3	9	1	5	7	6	8	4	2
6	5	4	1	3	8	2	9	7
9	2	3	7	6	4	5	8	1
8	1	7	2	5	9	6	3	4
1	6	2	4	9	5	3	7	8
4	7	8	6	2	3	9	1	5
5	3	9	8	1	7	4	2	6

#132

2	9	8	5	3	7	1	4	6
7	1	5	2	4	6	3	8	9
3	4	6	9	8	1	5	2	7
9	7	1	6	5	2	8	3	4
4	6	2	3	9	8	7	5	1
8	5	3	1	7	4	9	6	2
5	3	4	7	2	9	6	1	8
6	2	7	8	1	5	4	9	3
1	8	9	4	6	3	2	7	5

#133

7	5	1	2	6	4	8	9	3
3	6	9	7	5	8	2	1	4
8	4	2	9	1	3	6	7	5
9	3	8	5	2	6	1	4	7
4	7	6	1	3	9	5	2	8
2	1	5	4	8	7	9	3	6
1	8	4	6	7	2	3	5	9
6	2	7	3	9	5	4	8	1
5	9	3	8	4	1	7	6	2

#134

4	2	3	1	8	5	6	9	7
1	5	9	2	7	6	3	4	8
8	7	6	4	3	9	1	5	2
7	1	5	6	2	3	9	8	4
2	3	8	9	5	4	7	6	1
6	9	4	7	1	8	2	3	5
3	4	7	5	6	2	8	1	9
9	6	1	8	4	7	5	2	3
5	8	2	3	9	1	4	7	6

#135

4	5	3	1	7	8	6	9	2
1	7	8	9	6	2	3	4	5
9	6	2	5	3	4	7	1	8
8	4	5	6	2	7	1	3	9
6	9	1	4	5	3	2	8	7
3	2	7	8	1	9	5	6	4
2	1	4	3	8	5	9	7	6
5	3	9	7	4	6	8	2	1
7	8	6	2	9	1	4	5	3

#136

6	9	3	5	8	4	1	7	2
2	5	8	7	1	3	6	4	9
1	4	7	6	9	2	8	3	5
9	7	6	8	3	5	4	2	1
5	8	4	2	7	1	9	6	3
3	1	2	9	4	6	5	8	7
8	6	9	1	2	7	3	5	4
4	2	1	3	5	8	7	9	6
7	3	5	4	6	9	2	1	8

#137

5	2	4	3	6	1	8	9	7
6	7	8	4	9	5	3	2	1
1	9	3	8	2	7	6	4	5
3	5	7	2	8	9	4	1	6
8	1	9	6	5	4	7	3	2
4	6	2	7	1	3	5	8	9
9	4	5	1	3	6	2	7	8
7	8	1	5	4	2	9	6	3
2	3	6	9	7	8	1	5	4

#138

6	9	7	5	4	8	1	2	3
5	1	2	3	6	9	8	4	7
3	4	8	1	2	7	9	6	5
4	8	1	9	5	2	7	3	6
2	3	5	6	7	1	4	9	8
7	6	9	4	8	3	5	1	2
8	2	6	7	9	4	3	5	1
1	7	4	2	3	5	6	8	9
9	5	3	8	1	6	2	7	4

#139

7	4	5	9	8	6	3	2	1
6	3	2	5	1	7	9	4	8
1	8	9	2	3	4	7	6	5
2	7	6	8	9	3	1	5	4
4	9	8	7	5	1	6	3	2
3	5	1	4	6	2	8	9	7
8	6	7	3	4	5	2	1	9
5	2	3	1	7	9	4	8	6
9	1	4	6	2	8	5	7	3

#140

8	4	1	2	5	6	3	9	7
9	2	6	7	3	1	5	8	4
7	5	3	4	8	9	6	1	2
6	8	4	1	7	2	9	5	3
2	9	5	8	4	3	7	6	1
1	3	7	9	6	5	4	2	8
5	1	8	3	9	4	2	7	6
3	6	2	5	1	7	8	4	9
4	7	9	6	2	8	1	3	5

#141

3	4	1	5	6	9	7	2	8
6	2	5	8	3	7	9	1	4
9	7	8	1	2	4	6	5	3
4	6	7	9	1	5	3	8	2
2	8	3	7	4	6	1	9	5
1	5	9	3	8	2	4	6	7
5	3	4	2	9	1	8	7	6
8	1	2	6	7	3	5	4	9
7	9	6	4	5	8	2	3	1

#142

1	9	8	4	5	2	6	3	7
6	4	2	9	3	7	5	8	1
5	3	7	8	1	6	9	4	2
3	8	4	5	9	1	2	7	6
7	6	9	3	2	8	1	5	4
2	1	5	7	6	4	8	9	3
4	2	3	6	8	5	7	1	9
8	7	1	2	4	9	3	6	5
9	5	6	1	7	3	4	2	8

#143

1	2	9	3	8	5	7	6	4
7	6	3	1	4	2	9	5	8
8	5	4	9	7	6	2	1	3
6	3	7	2	9	4	5	8	1
4	8	5	7	3	1	6	2	9
9	1	2	5	6	8	4	3	7
3	4	1	6	5	9	8	7	2
5	7	8	4	2	3	1	9	6
2	9	6	8	1	7	3	4	5

#144

1	7	6	3	8	9	5	2	4
9	3	2	5	4	7	6	1	8
8	4	5	1	6	2	7	9	3
6	8	1	9	7	3	2	4	5
3	9	4	8	2	5	1	6	7
2	5	7	6	1	4	3	8	9
4	2	8	7	3	1	9	5	6
7	1	9	4	5	6	8	3	2
5	6	3	2	9	8	4	7	1

#145

9	5	3	1	6	7	4	2	8
1	4	8	5	2	9	3	7	6
6	2	7	4	3	8	1	9	5
3	9	1	6	7	4	8	5	2
5	7	4	2	8	1	9	6	3
8	6	2	3	9	5	7	1	4
2	1	6	9	4	3	5	8	7
7	3	5	8	1	2	6	4	9
4	8	9	7	5	6	2	3	1

#146

9	6	5	7	1	2	8	3	4
8	4	7	6	9	3	5	1	2
1	3	2	4	8	5	6	7	9
4	9	8	3	2	7	1	5	6
7	1	6	9	5	4	3	2	8
5	2	3	8	6	1	4	9	7
6	7	1	2	3	8	9	4	5
3	8	4	5	7	9	2	6	1
2	5	9	1	4	6	7	8	3

#147

4	8	2	5	1	6	7	3	9
9	1	3	2	7	4	6	5	8
6	7	5	8	9	3	2	4	1
3	9	4	6	5	2	1	8	7
7	2	6	1	4	8	3	9	5
8	5	1	9	3	7	4	6	2
5	4	8	3	2	1	9	7	6
2	6	7	4	8	9	5	1	3
1	3	9	7	6	5	8	2	4

#148

6	7	8	4	5	3	9	1	2
3	9	1	8	2	6	7	5	4
5	2	4	7	1	9	3	8	6
1	4	7	3	8	5	6	2	9
9	3	5	2	6	1	8	4	7
2	8	6	9	7	4	1	3	5
8	1	2	6	4	7	5	9	3
7	5	9	1	3	2	4	6	8
4	6	3	5	9	8	2	7	1

www.ingramcontent.com/pod-product-compliance
Lightning Source LLC
Chambersburg PA
CBHW050001230526
45465CB00003BB/1203